Jinesh Shah
Sagarkumar Shah
Jignesh Methaliya

Fabrico e análise de aparelhos de ar condicionado portáteis

Jinesh Shah
Sagarkumar Shah
Jignesh Methaliya

Fabrico e análise de aparelhos de ar condicionado portáteis

ScienciaScripts

Imprint
Any brand names and product names mentioned in this book are subject to trademark, brand or patent protection and are trademarks or registered trademarks of their respective holders. The use of brand names, product names, common names, trade names, product descriptions etc. even without a particular marking in this work is in no way to be construed to mean that such names may be regarded as unrestricted in respect of trademark and brand protection legislation and could thus be used by anyone.

Cover image: www.ingimage.com

This book is a translation from the original published under ISBN 978-3-659-82106-6.

Publisher:
Sciencia Scripts
is a trademark of
Dodo Books Indian Ocean Ltd. and OmniScriptum S.R.L publishing group

120 High Road, East Finchley, London, N2 9ED, United Kingdom
Str. Armeneasca 28/1, office 1, Chisinau MD-2012, Republic of Moldova, Europe
Printed at: see last page
ISBN: 978-620-8-32688-3

Preparado por:

Professor Assistente J.B.Shah

Departamento de Engenharia Mecânica

A.I.T.S.

Rajkot

Dedicado aos meus queridos pais

Prefácio

Tenho o prazer de apresentar o livro intitulado "FABRICAÇÃO E ANÁLISE DE CONDICIONADORES DE AR PORTÁTEIS". Este livro tem como objetivo abrir novas portas no campo da investigação para estudantes da U.G. e da P.G.

Este livro foi elaborado tendo em conta todos os parâmetros de conceção e fabrico. Estou muito grato ao meu aluno de nível B.E. da faculdade 1 .Bhavin R. Panara 2. Keyur V. Kheni 3. Jignesh G. Methaniya .

Apesar de terem sido tomadas todas as precauções para eliminar os erros do livro, é muito difícil afirmar a sua perfeição. Solicita-se aos leitores, estudantes do livro e professores que enviem os seus comentários. Sugestões construtivas para melhorar o livro são muito bem-vindas.

ÍNDICE DE CONTEÚDOS

CAPÍTULO 1: INTRODUÇÃO

1.1 Sistema de ar condicionado portátil

O ar condicionado portátil é um produto inovador originário do ar condicionado normal que se limita a ser utilizado numa divisão ou no interior de um edifício. Depois, foi concebido para facilitar a deslocação de um local para outro. Este produto é concebido como uma árvore de decoração que as pessoas utilizam maioritariamente como decoração em eventos ao ar livre, como casamentos e palestras.

Como todos sabemos, a Índia tem um clima de floresta tropical húmida devido à sua proximidade do equador. É um país quente e húmido durante todo o ano, com uma temperatura média de 27 °C (80,6 °F) e quase nenhuma variabilidade na temperatura anual. A maioria dos indianos está a encontrar uma forma de obter conforto, especialmente durante o dia. Este aparelho de ar condicionado portátil pode ajudá-los a criar um ambiente confortável num dia quente. Além disso, não têm de depender de uma ventoinha convencional que continua a produzir ar quente, mas este portátil produzirá ar frio da mesma forma que um aparelho de ar condicionado normal que se encontra numa divisão próxima.

Este ar condicionado portátil está equipado com um sensor fotográfico que consegue detetar a existência de pessoas à sua frente e desliga-se automaticamente se não houver pessoas e volta a ligar-se se detetar pessoas a atravessar ou a ficar à sua frente. Isto facilitará a vida às pessoas, em vez de se ligarem ou desligarem manualmente, especialmente em eventos muito concorridos. Também economiza a eletricidade quando a utilização é contínua sem que as pessoas a utilizem, o que leva ao desperdício de energia.

O atual aparelho de ar condicionado é difícil de instalar, especialmente em ambientes exteriores. Este produto foi concebido com rodas que facilitam a deslocação e a instalação. Com o procedimento de instalação mais simples, qualquer pessoa pode instalar facilmente o aparelho de ar condicionado no local pretendido.

1.2 Declaração do problema

Atualmente, os aparelhos de ar condicionado são comuns nas casas e nos espaços públicos fechados devido à procura natural de conforto térmico. O ar condicionado tornou-se um elemento importante para proporcionar conforto devido ao clima quente, especialmente nos países do Sudeste Asiático. Por isso, as pessoas precisam de uma alternativa para enfrentar os dias quentes, especialmente em eventos ao ar livre.

Mas, neste momento, não existem aparelhos de ar condicionado para utilização no exterior e, por isso, há algumas dificuldades em instalar o aparelho de ar condicionado normal para utilização em espaços abertos, o que exige muito tempo para deslocar e instalar o aparelho de ar condicionado.

Relativamente a este problema, verifiquei que existe uma grande procura de um produto que resolva este problema e facilite a transferência das pessoas de um local para outro, o que representa uma poupança em termos de tempo e de custos.

Além disso, durante um evento ao ar livre, o ar condicionado deve ter um espaço adequado para ser colocado, de modo a obter a função de ar condicionado completa, localizado o mais próximo possível do participante do evento e não deve incomodar a decoração do evento. Para resolver este caso, o ar condicionado deve parecer uma parte da decoração do evento, tal como a árvore de decoração.

1.3. Objetivo:- A Comissão Europeia

1. Desenvolver um novo tipo de sistema de ar condicionado portátil que seja fácil de instalar e levar para todo o lado, em vez do ar condicionado convencional.

2. Conceber um novo design de ar condicionado que possa reduzir o espaço que pode ser utilizado como decoração?

3. Reparar um aparelho de ar condicionado avariado para que fique a funcionar e produzir um novo tipo de aparelho de ar condicionado.

1.4. Âmbito de aplicação e limitações

Após uma discussão sobre este projeto, estabeleci algumas limitações que devem ser tidas em conta neste projeto. O aparelho de ar condicionado deve ser colocado perto e diretamente das pessoas, de modo a obter o pleno funcionamento do aparelho. E o utilizador precisa de fornecer uma fonte de alimentação para ligar a eletricidade ao ar condicionado.

CAPÍTULO 2: REVISÃO DA LITERATURA

2.1. Uma breve história dos aparelhos de ar condicionado de ciclo frigorífico:-

Notavelmente, um dos nossos pais fundadores, Ben Franklin, teve uma mão na ciência subjacente ao ar condicionado. Em 1758, Ben Franklin e um colega em Inglaterra, o químico John Hadley, realizaram uma experiência sobre as propriedades de arrefecimento da evaporação. Utilizando um fole para evaporar líquidos altamente voláteis, como o álcool e o éter, conseguiram baixar a temperatura para 7°F, formando uma espessa camada de gelo no termómetro de mercúrio, enquanto a temperatura ambiente era de 64°F (Energy Solution, 2012)

Em 1820, outro dos maiores cientistas da história, o inventor britânico Michael Faraday, demonstrou que, ao comprimir mecanicamente o amoníaco para o liquefazer (condensar) e, em seguida, permitir que o amoníaco se expandisse e evaporasse, podia arrefecer o ar. E em 1842, um médico da Florida, John Gorrie, querendo manter os doentes frescos, conseguiu utilizar este princípio para fazer gelo num hospital de Apalachicola. Gorrie patenteou o seu sistema em 1851 e esperava comercializá-lo para arrefecer edifícios, mas o seu financiador morreu e, com ele, o caminho para o sucesso de Gorrie. O ar condicionado não voltaria a aparecer durante 50 anos (Energy Solution, 2012)

Em 1902, Willis Carrier de Syracuse, Nova Iorque, aperfeiçoou um sistema para desumidificar uma fábrica de impressão comercial. O objetivo era estabilizar o papel, mas a invenção também mantinha a temperatura da fábrica mais confortável e os trabalhadores mais produtivos. Formou a The Carrier Air Conditioning Company of America para produzir estes sistemas, que acabaram por se estender aos lares, para além dos edifícios comerciais. Com 32.000 empregados em 170 países, a Carrier Corporation (atualmente uma subsidiária da United Technologies Corporation) é hoje líder mundial em sistemas de aquecimento, ar condicionado e refrigeração de alta tecnologia (Energy Solution, 2012).

2.2. Sistema geral de ar condicionado:-

Uma ventoinha extrai o ar da divisão, primeiro através de um dispositivo de arrefecimento, constituído por alhetas metálicas que se estendem de um tubo através do qual circula o fluido de arrefecimento, a um ritmo determinado pelo termóstato ou pelo humidóstato. Em seguida, o ar passa por um aquecedor, normalmente elétrico, que é ativado de acordo com as instruções do termóstato da divisão.

A parte do sistema na sala, à esquerda, puxa o ar primeiro sobre uma superfície fria e depois sobre uma superfície quente. A parte do sistema à direita recircula o fluido de arrefecimento. O fluido passa do reservatório através de uma válvula **B** para a pressão mais baixa dentro da unidade de arrefecimento na sala. Aí, o líquido entra em ebulição, removendo o calor do ar. O ponto de ebulição é fixado pela pressão constante definida pela válvula **A**. O vapor é então comprimido e condensado novamente num líquido que se acumula no reservatório pronto para outro ciclo.

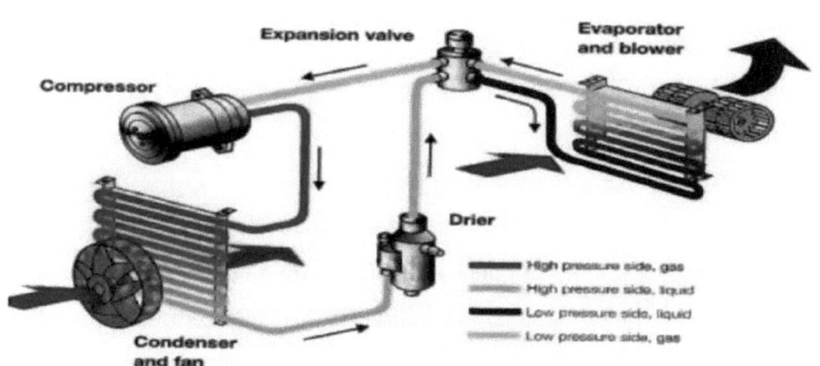

Figura *1*- Ar condicionado mínimo.

No passado, o ar condicionado era utilizado quando o clima era demasiado quente para ser confortável. O arrefecimento aumenta a humidade relativa do ar, pelo que a humidificação não é normalmente integrada nestes sistemas. Se for necessário, o método habitual é injetar vapor de água fervida eletricamente. A parte mais difícil de compreender, ou pelo menos desconhecida para a maioria das pessoas, é a forma como o fluido de arrefecimento é produzido e controlado. Essa é a parte à direita do diagrama.

O fluido de arrefecimento costumava ser um composto de clorofluorocarbono, e muitas vezes ainda o é, embora todos eles devastem mais ou menos a camada de ozono da Terra. As caraterísticas essenciais destes fluidos são o facto de terem um ponto de ebulição bastante baixo à pressão atmosférica e de poderem permanecer nas tubagens durante muito tempo sem se decomporem a si próprios ou às tubagens. Por último, têm de ter uma certa capacidade de lubrificação ou de transporte de um lubrificante, uma vez que o fluido tem de ser comprimido e bombeado à volta do sistema. Este conjunto raro de propriedades necessárias revelou-se difícil de combinar com a compatibilidade com a atmosfera terrestre. O líquido é introduzido na unidade de arrefecimento através de uma válvula marcada com **B** no diagrama. Evapora-se ao passar pelo tubo, retirando o calor do ar, tal como a água que se evapora de uma toalha colocada sobre a testa febril o refresca quando está de férias no Mediterrâneo.

A temperatura na serpentina de arrefecimento depende, em parte, da quantidade de fluido deixada entrar pela válvula, que é controlada pelo termóstato ou pelo humidóstato. Mas agora surge uma diferença crucial em relação à sua experiência mediterrânica: a temperatura mínima na superfície fria pode ser fixada através do controlo da pressão na serpentina de arrefecimento, com a válvula marcada com **A** no diagrama. O ponto de ebulição de qualquer líquido depende da pressão. Poder-se-ia utilizar água na serpentina de arrefecimento, se a pressão fosse mantida suficientemente baixa. A 1000 Pa de pressão, que parece muito, mas é apenas 1% da pressão atmosférica, a água entra em ebulição a 7 graus. Não é utilizada em serpentinas de arrefecimento deste tipo evaporativo porque tem desvantagens práticas.

Isto leva-me ao primeiro ponto que os conservadores têm de

compreender: é dispendioso produzir ar com um ponto de orvalho inferior a cerca de 4 graus neste tipo de equipamento. Este ponto de orvalho corresponde a 50% de humidade relativa a 15°C. Este tipo de ar condicionado é perfeitamente adequado para manter as pessoas confortáveis, mas não é bom para lojas especializadas, para filmes ou peles, por exemplo, onde é necessária uma temperatura inferior a 15 graus. No entanto, este tipo de equipamento é frequentemente utilizado nestes locais. Uma melhor solução é utilizar um desumidificador de absorção, que será descrito num artigo posterior.

Agora voltamos à história principal: O vapor que sai pelo regulador de pressão é recolhido por um compressor. A compressão também aquece o gás, como compreenderá qualquer pessoa que tenha enchido um pneu de bicicleta. O gás quente é então conduzido para fora da sala, para ser arrefecido. Isto é frequentemente feito no telhado ou num pequeno recinto que vibra com o rugido da ventoinha que sopra o ar sobre as alhetas de um condensador. O líquido refrigerante arrefecido, agora líquido, é canalizado de volta para o reservatório, pronto para a sua próxima viagem através do ar condicionado da divisão.

Todo o processo descrito acima é ineficiente e utiliza eletricidade, que é produzida por conversão ineficiente de energia térmica. Estes sistemas estão, por conseguinte, confinados a pequenos locais onde a ineficiência é compensada pela fiabilidade geralmente elevada e pela ausência de manutenção.

2.3. Processos de ar condicionado

Um processo de ar condicionado (Wang, S.K. e Lavan, Z, 2009) descreve a alteração das propriedades termodinâmicas do ar húmido entre as fases inicial e final do condicionamento, bem como as correspondentes transferências de energia e massa entre o ar húmido e um meio, como a água, o refrigerante, o absorvente ou adsorvente, ou o próprio ar húmido. O balanço energético e a conservação da massa são os dois princípios utilizados para a análise e o cálculo das propriedades termodinâmicas do ar húmido.

Em geral, para um único processo de ar condicionado, a transferência de calor ou de massa é positiva. No entanto, para cálculos que envolvem vários processos de ar condicionado, o calor fornecido ao ar húmido é considerado positivo e o calor rejeitado é negativo.

O rácio de calor sensível (SHR) de um processo de ar condicionado é definido como o rácio entre a variação do valor absoluto do calor sensível e a variação do valor absoluto do calor total, ambos em Btu/hr.

Equação 1:-

$$SHR=\frac{|qsen|}{|qtotal|}$$

$$=\frac{|qsen|}{(|qsen|+|q1|)}$$

Para qualquer processo de ar condicionado, a variação de calor sensível.

Equação 2:-

$$q_{sen}=60v^{\circ}{}_{s}\rho_{s}c_{pa}(T_2-T_1)$$

$$=60m^{\circ}{}_{a}c_{pa}(T_2-T_1)$$

Em que v°s = caudal volúmico do ar fornecido, cfm p_s = densidade do ar fornecido, lb/ft^3

T_2 ,T_1 = temperatura do ar húmido no estado final e inicial de um processo de ar condicionado,°F

e o caudal mássico do ar de alimentação

$m^{\circ}{}_{s}=v^{\circ}{}_{s}p_s$

Alteração do calor latente

Equação 3:-

Onde w_2 , w1=razão de humidade nos estados final e inicial de um ar

Processo de condicionamento, Ib/lb

Na eq3, h_{fg58} =1060 btu/llb representa o calor latente de vaporização ou condensação da água a uma temperatura estimada de 58°F, onde a vaporização ou condensação ocorre numa unidade de tratamento de ar de uma unidade embalada. Portanto,

2.4 Tipo de sistemas de ar condicionado

Existem vários tipos de sistemas de ar condicionado (J. Paul Guyer, 2009)) que são normalmente utilizados para construir um aparelho de ar condicionado, nomeadamente

$$Q_l=60v^{\circ}{}_s\rho_s(w_2-w_1)h_{fg58}$$

$$=1060\times 60v^{\circ}{}_s\rho_s(w_2-w_1)$$

2.4.1 Sistemas centrais de ar condicionado

Utilize estes sistemas para aplicações em que vários espaços com cargas uniformes sejam servidos por um único aparelho e em que seja necessário um controlo preciso do ambiente. As serpentinas de arrefecimento podem ser de expansão direta ou de água gelada. Selecione condensadores arrefecidos a ar ou evaporativos, torres de arrefecimento e sistemas de circuito subterrâneo com base na economia do ciclo de vida, considerando a eficiência de funcionamento e os custos de manutenção associados às condições de conceção e ambiente exteriores, por exemplo, temperaturas ambiente elevadas e condições poeirentas podem ter um impacto negativo no funcionamento dos condensadores arrefecidos a ar. Considere o aumento da temperatura do fornecimento de água refrigerada ao selecionar as serpentinas de água refrigerada, especialmente para aplicações que requerem um controlo preciso da humidade.

2.4.2 Sistemas unitários de ar condicionado:-

Estes sistemas devem ser geralmente limitados a cargas inferiores a 100 toneladas. Os sistemas unitários são embalados em configurações autónomas ou divididas. As unidades autónomas incorporam componentes para arrefecimento ou arrefecimento e aquecimento num único aparelho. As válvulas de expansão termostática são preferíveis aos tubos capilares e orifícios para controlo do fluido frigorigéneo, quando disponíveis como opção do fabricante, uma vez que as válvulas de expansão proporcionam um melhor controlo do sobreaquecimento numa vasta gama de condições de funcionamento. *Os sistemas split* podem incluir as seguintes configurações:

a) Serpentina de expansão direta e ventilador de alimentação combinados com um compressor remoto e serpentina de condensação; ou

b) Serpentina de expansão direta, ventilador de alimentação e compressor combinados com um condensador remoto, torre de arrefecimento ou sistema de circuito no solo.

Estes sistemas têm geralmente um custo inicial mais baixo do que os sistemas centrais, mas podem ter custos de ciclo de vida mais elevados. Se estiver previsto o funcionamento em carga parcial durante a maior parte da vida útil do equipamento, considere a possibilidade de utilizar equipamento unitário múltiplo para obter eficiências de funcionamento superiores e maior fiabilidade. Consulte o Manual ASHRAE, Equipamento, para obter informações sobre o tamanho e os critérios de seleção.

2.4.3 Unidades de ar condicionado ambiente:-

Estas unidades são unidades autónomas que servem apenas um espaço. Estas unidades são normalmente designadas por aparelhos de ar condicionado do tipo janela ou através da parede. As divisões servidas por estas unidades devem ter uma unidade AVAC separada para fornecer ar de ventilação a um grupo de divisões. Utilize-as quando forem económicas em termos de ciclo de vida e em conformidade com a norma MIL-HDBK-1190. Consultar o Manual de Equipamento ASHRAE.

2.4.4 Sistemas de construção: -

Estes sistemas são constituídos por componentes individuais montados no local de construção. Geralmente, são utilizados quando se trata de um grande volume de ar. Estes sistemas podem ser utilizados como sistemas remotos de tratamento de ar com uma instalação de arrefecimento central. Unidades de tratamento de ar unitárias. Determinar o número de unidades de tratamento de ar através de uma divisão económica da carga, considerando: (a) o valor do espaço ocupado pelo equipamento; (b) a extensão das condutas e tubagens; (c) a multiplicidade de pontos de controlo, manutenção e funcionamento; e (d) factores de conservação de energia.

2.4.5 Condicionadores de ar de sistema dividido:-

O mais comum dos dois tipos de aparelhos de ar condicionado central, os aparelhos de ar condicionado de sistema dividido têm o compressor / condensador alojado numa unidade exterior e o evaporador no interior. A principal vantagem dos aparelhos de ar condicionado de sistema split é o facto de manterem a parte ruidosa no exterior. Os aparelhos de ar condicionado de sistema split ligam-se à rede de condutas existente, arrefecendo a sua casa de forma uniforme e silenciosa.

2.5 Componentes do sistema de ar condicionado

Estas são as partes principais de um aparelho de ar condicionado que podem ser utilizadas para construir o aparelho de ar condicionado portátil, que consiste em gerir o refrigerante e mover o ar em duas direcções: interior e exterior:

1) *Evaporador - para receber o líquido refrigerante*

Figura 2 *- Evaporador*

2) *Condensador - Facilita a transferência de calor*

Figura 3 - Condensador

3) *Válvula de expansão - para regular o fluxo de refrigerante para o evaporador*

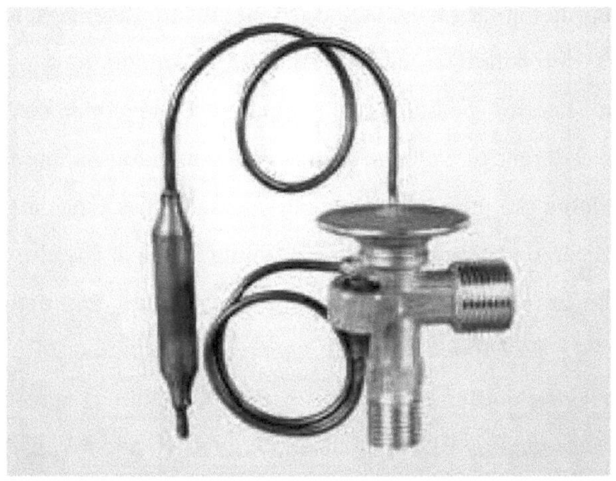

Figura 4 - Válvula de expansão

4) *Compressor - uma bomba que pressuriza o refrigerante*

Figura 5 - Compressor

2.6 Condições de conceção no exterior

Em princípio, a capacidade do equipamento de ar condicionado deve ser selecionada para compensar a carga espacial, de modo a que os critérios de dimensionamento interior possam ser mantidos se as condições meteorológicas exteriores não excederem os valores de dimensionamento. As condições de projeto exteriores e interiores são utilizadas para calcular as cargas espaciais de projeto. Nos cálculos de utilização de energia, devem ser adoptados os dados climáticos exteriores de hora a hora de um dia de projeto, em vez dos valores de projeto de verão e de inverno. *O ASHRAE Handbook 1993 Fundamentals* (Capítulo 24 e 27) e *o Wang's Handbook of Air Conditioning and Refrigeration* (Capítulo 7) apresentam tabelas de condições climáticas para os EUA e Canadá (Wang's Handbook of Air Conditioning and Refrigeration - Capítulo 7) com base nos dados do National Climate Data Center (NCDC), da Força Aérea dos EUA, da Marinha dos EUA e do Canadian Atmospheric Environment Service (ASHRAE Handbook 1993). Nestas tabelas:

- A temperatura de verão de projeto do bolbo seco num local específico $T_{o.s}$, em °F, é o número integral superior arredondado da temperatura de verão de projeto do bolbo seco exterior determinada estatisticamente $T_{o.ss}$, de modo a que o número médio de horas de ocorrência da temperatura de verão do bolbo seco exterior T_o superior a $T_{o.ss}$ durante os meses de junho, julho, agosto e setembro seja inferior a 1, 2,5 ou 5% do número total de horas nestes meses de verão (2928 horas). Os dados correspondem a uma média de 15 anos. A ocorrência de menos de 2,5% das 2928 horas dos meses de verão, ou seja, 0,025x2928 = 73 horas, é a mais utilizada.

- A temperatura de bolbo húmido coincidente média exterior de verão, em °F, é a média de todas as temperaturas de bolbo húmido à temperatura de bolbo seco de projeto exterior de verão específica $T_{o.s}$ durante os meses de verão.

- A temperatura de bolbo húmido de projeto de 2,5% no exterior no verão é a temperatura de bolbo húmido de projeto que tem uma ocorrência média anual inferior a 73 horas. Este valor de projeto é frequentemente utilizado para o projeto de arrefecimento evaporativo.

• A amplitude média diária, em °F, é a diferença entre a temperatura média diária máxima e a temperatura média diária mínima durante o mês mais quente.

• No *ASHRAE Handbook 1993 Fundamentals, os factores de ganho de calor solar* (SHGFs), em Btu/h.ft2, são o ganho médio de calor solar por hora durante dias sem nuvens através de vidro de folha dupla (DSA). Os *SHGFs máximos* são os valores máximos de SHGFs no dia 21 de cada mês para uma latitude específica.

• A temperatura de bolbo seco de inverno exterior de projeto $T_{o.w}$, em °F, é o valor integral inferior arredondado da temperatura de inverno exterior de projeto determinada estaticamente $T_{o.ws}$, de modo a que o número médio anual de horas de ocorrência da temperatura exterior $T_o > T_{o.ws}$ seja igual ou superior a 99%, ou 97,5% do número total de horas em dezembro, janeiro e fevereiro (2160 horas).

Um *grau-dia* é a diferença entre uma temperatura de base e a temperatura média diária do ar exterior $T_{o.m}$ para qualquer dia, em °F. Os números totais de graus-dia de aquecimento HDD65 e de graus-dia de arrefecimento CDD65 referentes a uma temperatura de base de 65°F por ano são (J. Paul Guyer, 2009)

Equação 4:-

$$\text{HDD65}=\sum_{n=1}(65 - Tom)$$

$$\text{CDD65}=\sum_{m=1}(Tom - 65)$$

2.7 Sensor de movimento:-

A deteção de movimento é um processo de confirmação de uma mudança de posição de um objeto em relação à sua envolvente ou da mudança da envolvente em relação a um objeto. Esta deteção pode ser conseguida através de métodos mecânicos e electrónicos. Para além da deteção de movimento discreto, ligado ou desligado, pode também consistir na deteção de magnitude que pode medir e quantificar a força ou a velocidade deste movimento ou do objeto que o criou.

Quando a deteção do movimento é efectuada por organismos naturais, é designada por perceção do movimento.

O movimento pode ser detectado por: som (sensores acústicos), opacidade (sensores ópticos e de infravermelhos e processadores de imagens de vídeo), geomagnetismo (sensores magnéticos, magnetómetros), reflexão da energia transmitida (radar laser de infravermelhos, sensores ultra-sónicos e sensores de radar de micro-ondas), indução electromagnética (detectores indutivos) e vibração (sensores turboeléctricos, sísmicos e de interrutor de inércia). Os sensores acústicos baseiam-se em: efeito de eletreto, acoplamento indutivo, acoplamento capacitivo, efeito turboeléctrico, efeito piezoelétrico e transmissão por fibra ótica. Os sensores de intrusão por radar têm a menor taxa de falsos alarmes.

O sensor de movimento é um dispositivo de deteção de movimento. Ou seja, é um dispositivo que contém um mecanismo físico ou um sensor eletrónico que quantifica o movimento e que pode ser integrado ou ligado a outros dispositivos que alertam o utilizador para a presença de um objeto em movimento no seu campo de visão. Constituem um componente vital de sistemas de segurança abrangentes, tanto para casas como para empresas.

Sensor de movimento que transforma a deteção de movimento num sinal elétrico. Isto pode ser conseguido através da medição de alterações ópticas no campo de visão. A maioria dos detectores de movimento pode detetar até 15 - 25 metros (50-80 pés)

Existem quatro tipos de sensores utilizados no espetro dos detectores de movimento.

1. Sensores de infravermelhos passivos (Passivos): - Detectam o calor do corpo. Não é emitida qualquer energia pelo sensor.

2. Ultrassónico (ativo):-Emite impulsos de ondas ultra-sónicas e mede a reflexão de um objeto em movimento.

3. Micro-ondas (ativo):-O sensor envia impulsos de micro-ondas e mede o reflexo de um objeto em movimento. Semelhante a uma arma de radar da polícia.

4. Detetor Tomográfico (ativo):- Detecta perturbações nas ondas de rádio à medida que estas viajam através de uma área rodeada por nós de rede em malha. Tem a capacidade de detetar através de paredes e obstruções.

2.7 Desenho da árvore como decoração:-

Na Índia, a maior parte dos eventos são concebidos com decoração de árvores, especialmente em casamentos, porque é o símbolo da tradição. Existem alguns tipos de árvores que são utilizadas como decoração, como o carvalho, o óleo de palma e o Natal.

Hoje em dia, os ramos de árvore são uma tendência da decoração do casamento que não ficará ultrapassada. A árvore está a crescer a partir de uma semente ao longo de cem anos, mil anos. É uma prenda da Mãe Natureza e é uma prenda para os noivos terem um casamento memorável e único.

As assinaturas de árvores são um apoio e uma ligação forte com o ser humano. O tronco da árvore é como o nosso amor mútuo, que dá um apoio sólido a todas as pessoas que se sentam ou ficam debaixo dela. Quando o sol quente ou a chuva forte, as folhas da árvore cobrem-nos e permitem-nos ter fé para enfrentar os desafios e continuar a jornada da vida. Simboliza um significado encantador para o casal usar a árvore como decoração de casamento.

Figura 6 - Decoração de árvore no exterior

A árvore pode ser decorada de várias formas e apresentada em diferentes temas, como o País das Maravilhas de inverno com cerejeiras brancas, Oriental com cerejeiras cor-de-rosa, Jardim Secreto com árvores verdes, etc. A árvore pode ser transformada em vários designs num casamento, como centro de mesa, passadiço, entrada, árvore dos desejos para pendurar mensagens.

Todos os ramos de árvores utilizados na decoração são reais e retirados da floresta. Se é um adepto da ecologia ou do "go green", tenha em atenção a escolha desta ideia de decoração.

Figura 7 - Decoração da árvore no palco

2.8 AR CONDICIONADO PORTÁTIL:-

A evolução de um sector e o seu impacto na sociedade constituem muitas vezes um estudo interessante. Vejamos o caso do ar condicionado portátil: Introduzido na América em 1983 pela Denso, um fabricante japonês de produtos para automóveis, o ar condicionado portátil foi inicialmente concebido para arrefecer os trabalhadores na linha de montagem.

Inicialmente distribuído através do canal tradicional de fornecimento grossista de ar condicionado, obteve um sucesso marginal nos primeiros anos. A indústria americana tinha pouco interesse numa solução tão dispendiosa e apenas um punhado de empresas adoptou este método para o conforto dos trabalhadores.

Nos primeiros anos, a maior parte das vendas consistia em encomendas de stock do grossista. Foram feitas poucas encomendas a utilizadores finais. Com excesso de inventário em stock, as encomendas ao grossista eram escassas. Não demorou muito até que fosse necessário efetuar alguns ajustamentos no canal de distribuição para impulsionar as vendas. Foi tomada a decisão de estabelecer uma rede de pontos de venda diretos especializados em ar condicionado portátil e que vendiam diretamente ao mercado.

Este sistema revelou-se muito mais bem sucedido do que a distribuição grossista tradicional. As vendas ao utilizador final melhoraram, mas foi o bom timing que provou ser o elemento mais influente para o sucesso da indústria. Esse timing está relacionado com a explosão do minicomputador que começou em meados da década de 1980, durante este mesmo período.

2.9.1 SALA DE DADOS INICIAL:-

O ar condicionado portátil (spot cooler, como passou a ser chamado) é um sistema de ar condicionado dedicado para muitas destas salas de computadores mais pequenas.

A utilização na sala de computadores criou visibilidade e anteviu efetivamente as capacidades de resolução de problemas do produto. Outras aplicações para o arrefecimento de pessoas e processos foram rapidamente extrapoladas a partir desta exposição. Mas nem todas estas novas aplicações tinham os requisitos para todo o ano do arrefecedor dedicado para computadores.

Algumas destas novas aplicações resultaram de falhas ou paragens de emergência do ar condicionado. Outras resultaram das temperaturas ambiente mais elevadas no verão. Estas necessidades de curto prazo geraram uma procura de alugueres, pelo que muitos destes distribuidores especializados responderam desenvolvendo frotas de aluguer e uma estrutura para fornecer acesso imediato aos seus clientes.

2.9.2 MERCADO DE ARRENDAMENTO:-

Os fornecedores de ar condicionado portátil começaram a instalar-se em todo o país. Em meados da década de 1990, quase todas as cidades principais e secundárias tinham um fornecedor na zona.

Com a expansão do mercado, surgiram outros fabricantes com produtos novos e diferentes. As unidades eram agora oferecidas não só com refrigeração a ar, mas também com refrigeração a água, sistema dividido e configurações de bomba de calor. O arrefecimento pontual estava a ser utilizado para resolver problemas de arrefecimento de pessoas, equipamentos e processos em todo o local de trabalho. O ar condicionado portátil estava a tornar-se uma tendência.

Os aparelhos de ar condicionado portáteis referem-se geralmente a unidades sobre rodas que podem passar por portas interiores normais. Como tal, podem ser instalados em qualquer parte de um edifício comercial. Isto tende a limitar os aparelhos de ar condicionado portáteis a cerca de 5 toneladas de capacidade. Os aparelhos de ar condicionado móveis são unidades montadas em reboques ou patins, que podem ser transportados para um local. As unidades móveis podem ser qualquer coisa, desde uma unidade montada num atrelado de 10 toneladas até chillers de 1.000 toneladas em camas planas.

À medida que o mercado do ar condicionado portátil se expandia, o mercado do ar condicionado móvel também crescia. As empresas americanas estavam a tornar-se cada vez mais dependentes do acesso imediato à refrigeração para qualquer problema de refrigeração, grande ou pequeno. Enquanto os portáteis eram ideais para problemas de refrigeração isolados num edifício comercial ou institucional, as unidades móveis podiam ser enviadas para fornecer refrigeração a edifícios ou estruturas inteiras. Muitas vezes, ambos eram utilizados para fornecer a solução de refrigeração.

2.9.3 SOLUÇÕES PARA EMPREITEIROS:-

Os empreiteiros de ar condicionado e mecânicos tornaram-se os maiores defensores dos aparelhos de ar condicionado portáteis. As utilizações variam consoante as condições. A maioria dos empreiteiros aluga o equipamento, uma vez que os maiores fornecedores de a/c portáteis armazenam todos os tipos e modelos localmente, tornando o aluguer uma opção viável.

Alguns empreiteiros também mantêm uma pequena frota dos modelos mais populares para uma utilização rápida. Entre as aplicações mais populares contam-se o aluguer para refrigeração provisória aquando da substituição, reparação ou manutenção de unidades de ar condicionado de servidores ou salas de computadores. Muitos contratantes também especificam os portáteis como unidades de refrigeração dedicadas para uma variedade de necessidades de refrigeração a longo prazo.

Mas o utilizador final também descobriu que a refrigeração pontual é a forma ideal de proporcionar proteção ao equipamento e conforto ao trabalhador. Os clientes de indústrias de todo o espetro utilizaram portáteis no escritório, no armazém, na área de produção ou no estaleiro de construção. É seguro dizer que não há muitos, se é que há algum, tipos de negócios que não tenham utilizado portáteis para resolver problemas relacionados com o calor.

As empresas com múltiplas localizações ou plataformas nacionais tornaram-se utilizadores particularmente frequentes, uma vez que os problemas relacionados com o calor num local são frequentemente sentidos noutros. É bastante comum fornecer os mesmos produtos ou serviços a diferentes sucursais de empresas de âmbito nacional em todo o país. Pela mesma razão, as empresas de serviços nacionais também utilizam regularmente os portáteis.

Quando algo resolve o nosso problema, passamos a confiar nele. Se o utilizarmos com frequência, deixa de ser considerado um luxo e passa a ser uma necessidade. Se lha retirarmos, passamos a sentir dificuldades. Isto seria verdade se deixasse de ter acesso ao telemóvel, ao computador portátil ou à Internet.

Acrescente a esta lista o ar condicionado portátil. Evoluiu ao ponto de já não ser apenas uma curiosidade; do nosso ponto de vista, tem a mesma importância que todas as outras comodidades modernas.

CAPÍTULO 3: METODOLOGIA

A metodologia pode referir-se propriamente à análise teórica dos métodos adequados a um campo de estudo ou ao conjunto de métodos e princípios específicos de um ramo do conhecimento. Neste capítulo, são abordados os métodos utilizados para recolher informações com vista a concluir a investigação. Envolveu o fluxo do processo de cada passo no arquivo do objetivo deste projeto. São muitos os métodos utilizados neste projeto, tais como referências na Internet, entrevistas a professores e técnicos e o mais importante é a discussão em grupo.

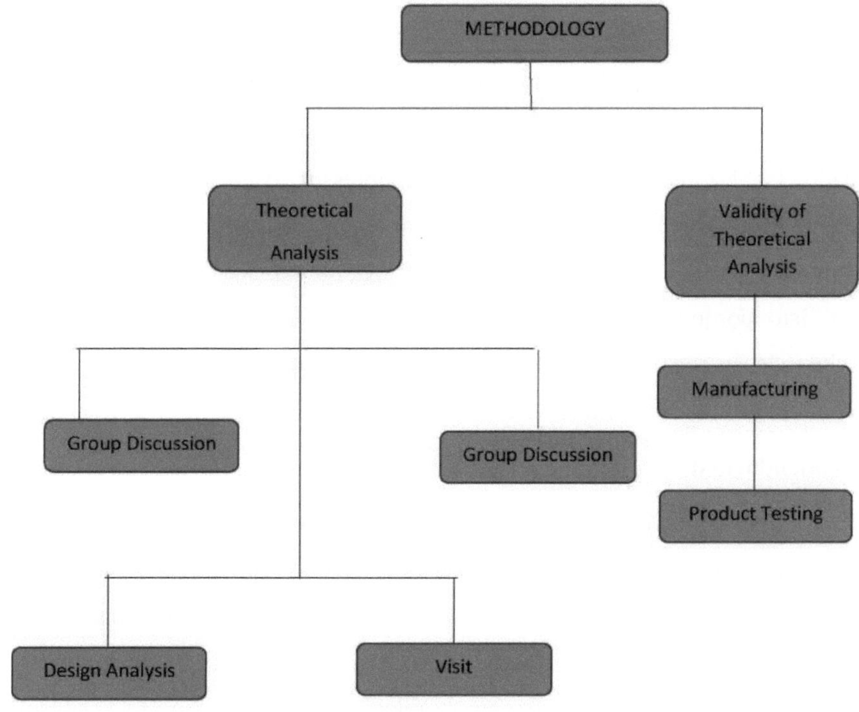

3.1 ANÁLISE TEÓRICA:-

3.1.1 Discussão em grupo:-

Há mais 2 estudantes com o mesmo perfil que estão a fazer investigação sobre o mesmo tipo de projeto, que é o ar condicionado, mas 2 deles estão a fazer em partes diferentes. Por isso, também nos reunimos para discutir este projeto. Ao discutir entre o grupo, ajudamo-nos uns aos outros a resolver o problema. Ao fazer a discussão em grupo, conseguimos encontrar algumas soluções para o problema. Estas são as discussões que tivemos:

3.1.2 Tema do projeto de fim de curso:-

Para completar o requisito deste projeto de último ano, tenho de escolher três tópicos para serem o nosso próprio projeto e apresentámos alguns tópicos que necessitam de uma discussão mais aprofundada para selecionar o tópico mais adequado. Os 3 tópicos são o estudo do compressor, o estudo do refrigerante e finalmente decidi escolher a nova geração de ar condicionado portátil como tópico do meu projeto de fim de curso. Concluímos que eles farão o seu teste também no meu projeto. Isto porque a nova geração de aparelhos de ar condicionado portáteis preenche todos os requisitos do projeto de final de ano, que são a aplicação, a realista, a modificação e a inovação.

3.1.3 Calendário do projeto:-

Na primeira fase, discutimos o calendário deste projeto. Depois de o tema ter sido selecionado, estivemos a escrever a proposta de tema durante uma semana. Dividimo-nos em quatro fases do período de tempo. Para as primeiras fases, procurámos o máximo de informação possível durante cerca de dois meses. Na segunda fase, começámos a escrever o relatório de progresso. O relatório de progresso incluía a introdução, a revisão da literatura e a metodologia. Gastámos cerca de dois meses nesta fase. A terceira e a quarta fases serão no próximo semestre, que incluem o processo de fabrico e os resultados.

3.1.4 Risco e análise deste projeto com sucesso:-

No nosso projeto, encontrei alguns riscos que podem pôr em causa o meu resultado. Por isso, discuto-os com eles. Os riscos que enfrentamos são o facto de o processo de fabrico necessitar de uma elevada competência. O fabrico do ar condicionado portátil envolve processos como a segurança, a montagem e a pintura. Se ocorrerem erros, a funcionalidade deste aparelho de ar condicionado será reduzida. Além disso, para desenvolver o ar condicionado portátil, temos de gastar muito dinheiro para que este projeto seja bem sucedido. Por isso, estabelecemos algumas limitações no nosso projeto para obter bons resultados.

3.1.5 Internet:-

Ao utilizar a Internet, consegui obter informações úteis sobre os componentes para construir o aparelho de ar condicionado portátil, que me permitem escolher os componentes adequados para equipar o aparelho de ar condicionado portátil. Na Internet, encontrei a decoração comum que as pessoas estão a utilizar especialmente para os indianos.

3.1.6 Análise da conceção:-

Depois de reunir todas as informações, preciso de conceber um aparelho de ar condicionado portátil. Na fase inicial, só faço desenhos e esboços no papel. Fiz o maior número possível de desenhos. Depois de completar o desenho, escolhemos um desenho que é o melhor e o mais recente. O passo seguinte é obter a medição do desenho que pode ser adaptado ao sistema de ar condicionado

3.2 Cálculo

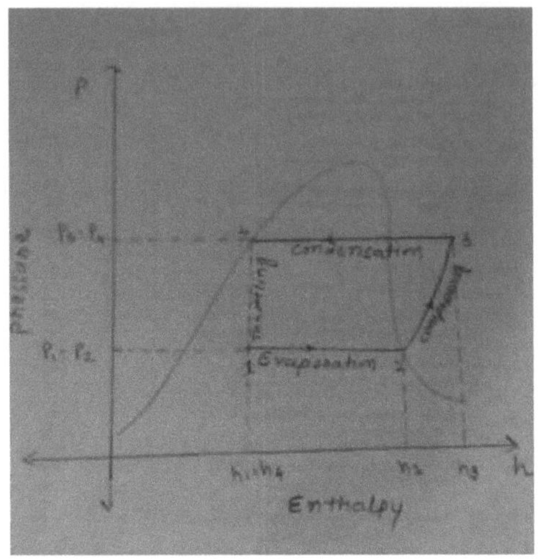

Figura 8- Diagrama P-H do ar condicionado

1) Cálculo do C.O.P.

saturado R-12 (CCl F_{22}) Tabela:-

Temperature	Pressure	H_f	H_g	H_{fg}	S_f	S_g
22	6.00171	56.79	196.56	139.77	0.2143	0.6878
40	9.60897	74.59	203.20	128.61	0.2718	0.6825

$T_1 = T = 22^{\circ}C = 295\ K$

$T_3 = T_4 = 40^{\circ}C = 313K$

$H_3 = H_{f3} + H_{fg3}$

$H_3 = 203.2\ KJ/Kg$

$H_1 = H_{fg4} = 74.59\ KJ/Kg$

Fração de secura no ponto (2)

$S_2 = S_3$

$S_{f2}+x_2S_{fg2} = S_{g3}$

$S_{f2}+x_2\frac{H_{fg2}}{t2} = S_{g3}$

$X_2 = 0.98$

So, $H_2 = H_{f2}+X_2H_{fg2}$

$H_2 = 194.90$ KJ/Kg

C.O.P. $= \frac{H2-H1}{H3-H2}$

So, C.O.P. = 5.84

2) Trabalho do compressor:-

Massa de refrigerante que circula/minuto,

$M = \frac{180}{H2-H1}$

M = 1,49 kg/min.

Trabalho efectuado pelo compressor,

$W_C = M(H\ -H\ )_{32}$

$W_c = 12,36$ KJ/min.

Potência do compressor.

$P_c = 0,20$ Kw

Efeito de arrefecimento (efeito de refrigeração),

$= M(H\ -H\ )_{21}$

= 180 KJ/min

3.3Análise de custos

Sr. No.	Equipment	Price in Rs.
1.	Compressor	4000
2.	Evaporator	3000
3.	Condenser	2500
4.	Expansion Valve	1500
5.	Fan	0900
6.	Transportation Cost	0350
	Total:-	12250

Se comprarmos um novo ar condicionado Split no mercado, o preço é de 21000-25000Rs. De 1 tonelada. E também o preço considera o preço da árvore de decoração é mínimo 1000Rs.

Agora, se trouxerem este tipo de ar condicionado, fazem-no por 15000-17000Rs.

3.4 VALIDADE DA ANÁLISE TEÓRICA:-

3.4.1 Fabrico

Antes de iniciar o processo de fabrico, são necessários alguns materiais para preparar o fabrico deste aparelho de ar condicionado portátil inteligente, que são

1. Mangueira
2. Fibra
3. Resina
4. Rodas
5. Pintura
6. Material de decoração
7. Refrigerante (R22 e Co2)

Além disso, a lista de equipamentos necessários para este projeto é a seguinte

1. Jogo de chaves
2. Solda e soldador
3. Enchimento
4. Escova
5. Termómetro
6. Perfurar
7. Bomba de vácuo
8. Manómetro

No processo de fabrico, escolhi todos os componentes adequados para utilizar no sistema e, em seguida, montei tudo para formar um sistema de ar condicionado. A decoração do aparelho de ar condicionado portátil será feita como caixa do aparelho. Há várias etapas no processo de fabrico, que são

1. Encontrar componentes não utilizados, quer já estejam danificados ou ainda a funcionar, mas que possam ser reparados. Os principais componentes a encontrar são o compressor e o ventilador.

2. O passo seguinte é a reparação dos componentes. Existem várias etapas no processo de reparação, como a colocação de peças, a soldadura, a soldadura e a cablagem. O problema que normalmente ocorre no compressor e no ventilador não utilizados é a fuga nos tubos.

3. O ar condicionado é concebido de forma racional e deve ser equipado com os componentes e, em seguida, fazer o escalonamento para obter o tamanho exato do corpo do ar condicionado.

4. De seguida, procede-se à moldagem do corpo do ar condicionado utilizando

materiais compostos. Os materiais utilizados para construir o corpo do ar condicionado são a fibra, a resina e o catalisador.

5. Depois de terminada a construção da carroçaria, procede-se ao processo de pintura. A carroçaria é pintada com verniz para parecer uma árvore verdadeira e depois são acrescentadas algumas decorações, como folhas.

6. A última fase do processo é o ensaio. O produto é testado através da montagem de todos os componentes e da ligação à fonte de alimentação.

3.4.2 Teste de produtos:-

Após a finalização do produto, este produto será testado na oficina da Unikl Miat. O ar condicionado portátil será testado para ser utilizado no interior da oficina, para verificar se pode funcionar ou não. Caso contrário, devem ser efectuadas algumas alterações para garantir que funciona corretamente.

CAPÍTULO 4: DISCUSSÃO DOS RESULTADOS

4.1 RESULTADO:-

Para criar um aparelho de ar condicionado portátil inteligente, os componentes do aparelho de ar condicionado que serão utilizados foram identificados para se adequarem ao design. Para isso, foram encontrados componentes não utilizados do ar condicionado, como o ventilador e o compressor. Os dados foram recolhidos.

Figura 9 - Produto final do ar condicionado portátil inteligente

4.2 TESTE: -

O teste deste aparelho de ar condicionado portátil inteligente foi efectuado em dois tipos de local, um pequeno local confinado e outro ao ar livre. O termómetro foi utilizado para medir a temperatura. Foi colocado 1 metro à frente do aparelho de ar condicionado diretamente para a saída de ar. Este teste é efectuado para medir a eficácia do ar condicionado para arrefecer o ambiente.

Time (Minute)	Temperature (Degree celcius) at 6*8*6ft room	Temperature (Degree Celcius) at outdoor in open air
0	37	42
5	32	42
10	28	40
15	26	39
20	25	38
25	23	35

Quadro 1- Resultado do teste

Como podemos ver no resultado, o ar condicionado é mais fácil de arrefecer na pequena sala confinada devido à área fechada. Mas na área aberta, é muito difícil de arrefecer devido a algumas razões: foi colocado ao ar livre e o ventilador não é forte para que o ar arrefecido atinja uma distância maior. O ventilador deve ser forte como uma grande ventoinha para arrefecer uma área maior.

Distance(feet)	Temperature (Degree Celcius) in small Confined room
0	23
0.5	23
1	23
1.5	26
2	28
2.5	29
3	30

Tabela 2 - Distância que o ar frio pode percorrer

Com base no resultado acima, a distância máxima que o ar frio pode percorrer é de 2 pés, que é a distância óptima de eficácia do ar condicionado portátil. Ainda não atingiu o objetivo no início do projeto. Isto deve ser melhorado no futuro com a adição de um ventilador mais forte que possa aumentar a distância de deslocação do ar frio.

4.3 DESIGN DE DECORAÇÃO:-

O ar condicionado portátil inteligente foi concebido para se assemelhar a uma árvore de decoração. Foi fabricado em material compósito e pintado de castanho, o que lhe confere um aspeto de árvore verdadeira. A árvore é adequada para ser utilizada como decoração.

Figura 10 - Corpo composto de um aparelho de ar condicionado portátil

Assim, não há necessidade de uma área maior para colocar o ar condicionado, especialmente durante o evento. Também podemos colocar o ar condicionado portátil inteligente diretamente para arrefecer a área.

4.4 FÁCIL DE CONFIGURAR:-

O ar condicionado portátil inteligente foi equipado com rodas que facilitam a sua deslocação em vez de o levantar com o compressor pesado. O peso do seu ventilador de ar condicionado também foi reduzido devido ao facto de o corpo ser feito de compósito, que é leve e forte. Para além disso, foi concebido com o conceito "plug and on", que apenas necessita de ligar a fonte de alimentação para ligar este sistema. Para além disso, são necessários apenas alguns passos para montar o sistema. Também pode tornar mais rápida a instalação do sistema de ar condicionado em vez do sistema de ar condicionado convencional.

Figura 11 - Conceção do sistema de ar condicionado portátil inteligente

CAPÍTULO 5: CONCLUSÃO E RECOMENDAÇÃO

5.1 CONCLUSÃO

Em conclusão, podemos concluir que um aparelho de ar condicionado portátil barato é viável e pode ser comercializado na realidade. O aparelho de ar condicionado portátil fabricado satisfaz as funções básicas do aparelho de ar condicionado para efeitos de refrigeração. O aparelho de ar condicionado foi testado quanto às suas funções e à fiabilidade da sua conceção. O fator humano ensinou-nos que o ser humano pode sentir-se confortável devido a vários factores. Um dos factores é a temperatura, pois todos nós reparámos que alguns países, especialmente os países com clima equatorial, como o Sudeste Asiático, têm um clima quente. Por isso, o ar condicionado torna-se um dos factores importantes que ajudam as pessoas a sentirem-se confortáveis com a redução da temperatura no seu ambiente. Podemos concluir que este ar portátil inteligente é comercializável. O design decorativo, como a árvore, é frequentemente utilizado na Malásia durante os eventos. Isto deve-se ao facto de mostrar o conceito de natureza e de muitas pessoas o entenderem. Mas, na maior parte dos eventos, como nos palcos, o espaço para colocar o ar condicionado é muito limitado. Assim, este ar condicionado portátil inteligente permite reduzir o espaço para o ar condicionado, colocando-o no espaço de decoração que está próximo do utilizador. O ar condicionado portátil inteligente também provou que facilita a deslocação do ar condicionado com as rodas e o sistema de montagem simples. Pode tornar o utilizador mais rápido a deslocar e a instalar o ar condicionado.

5.2 DESENVOLVIMENTO FUTURO:-

Uma vez que esta é a primeira fase de desenvolvimento. Algumas das ideias ainda não podem ser aplicadas neste projeto devido a alguns problemas e limitações de tempo. Por isso, vou deixá-las para a outra fase de desenvolvimento, quer para o meu próprio projeto, quer para o de outro estudante. Há algumas coisas que podem ser improvisadas neste aparelho de ar condicionado portátil no desenvolvimento futuro. No futuro, o projeto pode ser modificado e o C.O.P do ciclo de refrigeração pode ser melhorado. Também a eficiência do compressor, do evaporador e do condensador pode ser melhorada através da análise térmica de todo este componente.

REFERÊNCIAS

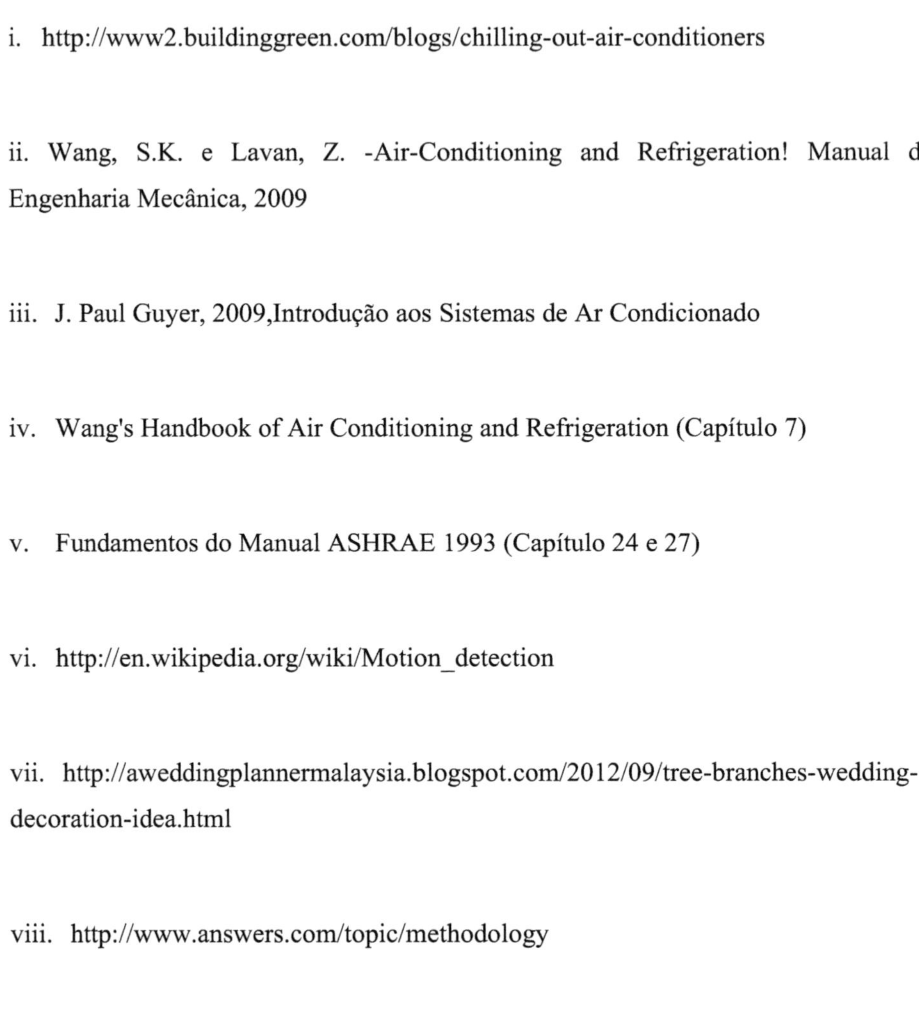

i. http://www2.buildinggreen.com/blogs/chilling-out-air-conditioners

ii. Wang, S.K. e Lavan, Z. -Air-Conditioning and Refrigeration! Manual de Engenharia Mecânica, 2009

iii. J. Paul Guyer, 2009,Introdução aos Sistemas de Ar Condicionado

iv. Wang's Handbook of Air Conditioning and Refrigeration (Capítulo 7)

v. Fundamentos do Manual ASHRAE 1993 (Capítulo 24 e 27)

vi. http://en.wikipedia.org/wiki/Motion_detection

vii. http://aweddingplannermalaysia.blogspot.com/2012/09/tree-branches-wedding-decoration-idea.html

viii. http://www.answers.com/topic/methodology

Printed by Books on Demand GmbH, Norderstedt / Germany